教えてくれたのは、植物でした

人生を花やかにするヒント

西畠清順

徳間書店

教えてくれたのは、植物でした

人生を花やかにするヒント

目次

幹の章

枝の章

葉の章　91

種の章　113

装幀・本文設計
トサカデザイン
（戸倉 巖、小酒保子）

編集協力
中島公次
大西桃子

写真
市橋織江
（P12）
宮本敏明
（P69、P103）
塚田直寛
（P139）
Summer Cloud

花の章

はじめに

〝念ずれば花ひらく〟は始まりの合図

不撓不屈《ふとうふくつ》。

人事を尽くして天命を待つ。

おれならできる。

冬は必ず春となる。

夢に向かって野球に明け暮れていた高校時代、僕はちょっとした〝座右の銘〟マニアでした。自分がピンときた言葉に出会ってはそれを自分の座右の銘とし、自己暗示をかけるかのように、野球帽のつばの裏や野球日誌の表紙、財布の中など、毎日目にするもののいたるところに〝そのとき自分の中でいちばん流行《はや》っている座右の銘〟を書いては気合いを入れる習慣がありました。そんな中で、ある日ふと出会った言葉が、

〝念ずれば花ひらく〟

でした。

甲子園という舞台に立ってホームランを打つことが夢だった僕は、その夢を強く念じて練習していれば、いつか結果となって叶《かな》う……そう信じていました。その言葉は野球浸けの日々を送っていた自分にぴったりの座右の銘となったのです。

それから月日が経《た》ち、僕の情熱の行き先は、野球から、家業である植物の仕事に変わりました。追いかけるものは白球から植物に変わったものの、〝念ずれば花ひらく〟と

いう言葉は、いつも心の中に強くありました。

そして毎日植物に触れ、植物のことを考え、やがて植物のことを少しずつ理解していくうちに、ある日ふと、衝撃的な事実に気づくことになるのです。

植物が花を咲かせるという行為は、植物学的にいえば、実をならせるための準備行為です。つまり、植物にとっては実こそがゴールであり、花はスタートの合図である、ということ。実際に日本では古くから、花が咲くということは〝何か物事が始まる前兆〟ととらえられてきました。

〝念ずれば花ひらく〟とは、強い思いを持って行動していればいつか夢が叶う、という意味ではなく、夢を叶えるためのスタートラインに立てるということ……。僕はそのことに気づいたのです。

たしかに僕はあんなに強く念じて夢を追いかけたのに、実際に甲子園に行くことは叶いませんでした。世の中は、強く念じただけでそれが必ず叶うほど甘くはないのです。

でも誰だって、強く、強く念ずれば、その思いを持ちながら実を結ぶためのゴールに向かって、スタートすることはできる。

高校球児だった頃からずっと大事にしてきた〝念ずれば花ひらく〟という言葉の本当の意味が、植物の生理を知ったことによって、わかってきたのです。

私たちが日常の中で無意識に使っている言葉や言い回しには、実は、植物から得たものが多くあります。

だから、植物のことを少し知っておくと、それらの意味を正しく理解したり、その言葉の奥にある本質をつかんだり、より興味深いものに感じたりすることができるのではないかと思います。

植物をひとつ理解することは、この世に起こっている万物の現象をひとつ理解することに似ているような気がします。

学校や社会で、人は人から学び、人に影響されて生きています。しかし本書では、植物が教えてくれる人生のヒントや、植物が持っている衝撃の真実、植物が物語る歴史から学べること、植物に見習うべき戦略を、僕自身が植物と過ごす毎日の中で経験したことや学んだことを通じて綴《つづ》っています。

このうちいくつかでも、読んでくださる方々の人生の、根や葉や幹や枝や花や種となり、役立ってくれればうれしく思います。

さて、花は始まりの象徴です。

「自分の人生を豊かにするために、ちょっとでも植物のことを知ってみよう」と思ったら、何かが花咲くように、始まるかもしれません。

根の章

#〝雑草のように強く生きる〟
#は間違っている

〝雑草のように強く生きる〟という言葉をよく耳にします。踏まれても踏まれても立ち上がる雑草の姿を人に投影して用いる表現です。〝雑草魂〟という言葉は、逆境にも負けない根性を称《たた》えた表現なのでしょう。

この言葉に使われている「雑草」とは、実際どのような植物を指すのでしょうか。雑草とは特定の植物の名前ではありません。草本《そうほん》にはそれぞれ名前があり、「雑草」とは便宜上人間が勝手につけた呼び方なのです。

雑草の定義とは、農耕地など、人間が開墾し作物などを育てようとしている場所に、人間の意図に反して侵入し、育っている草すべてのことを指します。

考えてみれば、これは植物に対して大変失礼な言葉ではないでしょうか。

人間は、自分たちのエゴで耕した場所を占領し、そこで採れる作物以外の、〝勝手に〟生えてきた（と思っている）草を、「雑草」と呼んでいるのです。彼らは、私たちが誕生する4億年以上も前から地球に生息している、いわば先住民であるのにもかかわらず……。

実際に雑草と呼ばれる草は、ヘクソカズラ（屁糞葛）やハキダメギク（掃溜菊）、ワルナスビ（悪茄子）というように、ネーミングにも人間さまが迷惑がっている様子や、植物に対する侮辱が反映されている例が多く見受けられます。

また、英語で雑草は「weed」といいます。「weed」は動詞にもなるのですが、それは〝邪魔なものを排除する〟という意味になります。まさに雑草という言葉は、私たち人間本位の言葉であり、エゴイズムを象徴する言葉であり、そうやって生きてきた人間の歴史そのものを象徴する言葉といえるのです。

さて、そんな前提を知った上で、明日からあなたは雑草という言葉をポジティブに使えるでしょうか。たしかに、私たちが雑草といっている植物に限って、性質が強かったり繁殖力が旺盛《おうせい》だったりします。敗戦後、焼け野原になった街で、大根メシを食べながらこの国を支え、そして発展させてきた偉大なる先達にとって、〝雑草のようにたくましく生きる〟という言葉は、たしかに日本人の美意識を刺激しそうな言葉かもしれません。しかし雑草という定義が、いかにして人間のエゴイズムから生み出された言葉かという事実を知ると、軽々しくは使えなくなりませんか。

「どんな植物でも、みな名前があって、それぞれ自分の好きな場所で生を営んでいる。人間の一方的な考え方でこれを雑草としてきめつけてしまうのはいけない。注意するように」（入江相政編『宮中侍従物語』）

そう、植物に造詣《ぞうけい》が深かった、昭和天皇のお言葉にもあるように。

〝根回し〟という概念と技術は、
緯度が生んだ

「根回し」とは、樹木を移植するに先立って準備する、一連の作業のことです。転じて、物事を行なう際に事前に関係者からの了承を得ておくこと（下打ち合わせや事前交渉などの段取り）をも指す言葉となりました。

そう、いざというときに、物事をスムーズに進められるようにしておく下準備のことを指すその言葉は、もともとは植木に関するテクニックが語源になっているのです。

植木の世界での根回しとは、あらかじめ根を切っておいて、いつでも必要なときに移植できるように準備しておく作業のことを指します。

しかし僕は世界各国の植物農家を訪ねるうちに、根回しという概念は、日本独特であり、緯度に関係していると気がつきました。たとえば南国や砂漠の植木屋さんに行っても、農場に植えられている植木を根回ししておいて、いつでも売れる状態にしておくという、日本の植木屋さんでは当たり前のことを行なっている人はいないのです。

温帯圏の国・日本の樹木は、春から秋にかけての高温期に活動・成長し、冬になると休眠します。

おおまかにいうと、そんなサイクルが前提となっており、季節によって樹木の運動量がかなり変わります。運動量が多い春から秋に根っこを切ったり急に移植すると、養分や水分を吸う根と、光合成や蒸散、呼吸などの運動をする地上部とのバランスが崩れて、樹木に大きな負担を与えてしまい、枯れることもあります。

根回しは、樹木が眠り、活動がいちばん少なくなる冬、もしくは活動を始める前の春先にすることで、夏など、本来樹木の移植が難しい季節であっても、いざというときに植木を動かせるようにしておく技術なのです。

物事を動かすのも、樹木を動かすのも本質的には似ていて、その対象が大きければ大きいほど、繊細であれば繊細であるほど、根回しが大事になり、タイミングが命になります。間違った時期に根回しをしたら樹木は枯れてしまいます。同様のことが、世の中のさまざまなことにいえるかもしれません。

南国や砂漠の植物は大概、暑い条件の中で育つメカニズムができており、四季によって扱い方を変える必要性があまりありません。だからそれらの地には根回しという考え方がないのです。

根回しとは、日本という国がたまたま四季を持つ緯度上にあったことが生んだテクニックであり、概念です。日本の植木職人の技は、ビジネスシーンにおいてもきめ細やかな下準備をしておく日本人独特の「NEMAWASHI」という概念につながり、世界でも注目を集めつつあります。

〝おかげさま〟とは、植物のこと

「パンがないなら、ブリオッシュ（ケーキ）を食べればいいじゃない」

マリー・アントワネットは、小麦が不足してフランス国民がひと切れのパンですら食べられない状況にあることを聞いたとき、そう答えたといいます（誰の発言かは諸説あるようです）。

私たちにとって植物はあまりにも身近すぎて、日常のどのシーンで、どの植物が、一体どれだけの恩恵を、知らず知らずのうちに自分に与えてくれているのかということに、なかなか気がつかないものです。パンもブリオッシュも原材料は小麦です。パンを作る小麦が不足していたら、ブリオッシュも作ることはできないのです。

身の回りの草花や木々が、もしかしたら直接的にも間接的にも自分の生活を支えてくれているのかもしれないと思ったら、一体どれだけの愛情と感謝が湧《わ》いてくるでしょうか。

植物は二酸化炭素を吸収し、私たちが生きていく上で欠かせない酸素を供給してくれています。たとえば、パラゴムの木にはコンドームという形で、また太古の地球に生息していたシダ植物の死骸《しがい》には石炭という形で、無意識のうちに恩恵を受けています。私たちは、知らず知らずのうちにずいぶんと植物のお世話になっているのです。

日本語には、〃おかげさま〃（御蔭様）という美しい言葉があります。

これは他人などから受ける恩恵や利益に対して感謝の意を表する言葉ですが、そもそも〃御蔭〃とは神仏などの助けを意味しています。ですから〃おかげさま〃とは、目に見えないものに対する尊敬の気持ちが表れている言葉なのです。

今日、私たち人類にとって、植物ほど目に見えないところでお世話になっている偉大な存在は他にありません。これは地球のどこで生活していようとも同じです。

植物に対して〃おかげさま〃の気持ちをいつも忘れずに持っていたいものです。

真の〝草分け的存在〟とは

ある真冬の寒い日。営林署（現・森林管理署）の方に案内されて、南アルプスの釜無山《かまなしやま》を登ったときの話です。

明治時代に植林されたという唐松《からまつ》の枝がいけばなに使えるかもしれないと聞きつけ、いい枝ぶりのものを求めて、僕たち一行は山をどんどん登っていきました。かなりの標高まで行きましたが、やはり植林された木では、思うような最高級の枝は採れません。納得がいかなかった僕は、もっといい枝を求めて、チームから一人外れ、熊がいるかもしれないという危険な原生林へ、同行したベテラン職人の反対を押し切って入って行きました。

それからまもなくして、僕は人生で三本の指に入るほどの恐怖体験をします。それは巨大な茶色の熊との遭遇でした。出会った瞬間に熊のほうが猛スピードで逃げてくれたおかげで、幸いにも命の危険はなかったのですが、全身に立った鳥肌が、なかなかおさまりませんでした。しかし今でも思い出すのは、熊に出会った瞬間のことだけではありません。原生林の中、自分の胸元まで伸びた熊笹《くまざさ》を掻《か》き分けて、誰も踏み込んだことのない場所へ突き進んでいたときの、あの心境が忘れられないのです。

どこへ進めばいいのか、何が次に起こるのか、どれだけ孤独を耐えなければならないのか、目指しているものはいつ現れるのか。

〝草分け的存在〟という言葉は、さまざまなジャンルでまだ誰も到達したことのない場所を突き進んでいる人のことを指します。そういわれている人はみな、僕が釜無山の原生林を歩いていたときのような気分を味わったことがあるのだと思います。

また、この言葉の面白いところは、「まだ誰も到達したことのない場所」には、そこへ誰かが到達する以前から、草(植物)が生えているということ。そして植物が生えているということは、そこに土があるという設定なのです。

つまり〝草分け的存在〟といわれる人は、誰も歩いたことのない道を突き進む以前に、そこに新しい大地があることをまず知っていたということなのです。そう思うと、よりいっそうこの言葉の本質が見えてくるかもしれません。

植物に詳しい人など、
いない

皆さんは、植物の名前を一体いくつ知っているでしょうか。

どんな業界でもトップクラスの専門家になると、とてつもない知識レベルを持った人がいるものですが、植物業界でも、1万種以上の植物を同定できる（つまり植物を見たときにその植物の名前がわかる）植物学者さんが存在するといわれています。これは驚くべき数字だといえるでしょう。

しかし一方で、世界には約27万の原種の植物が存在するといわれています。園芸品種を加えると40万種以上にもなるそうです。

このことを考えると、世界最高峰の植物学者さんですら、すべての植物の40分の1しか知らないということになります。

そう思うと植物の業界では、どんな天才でも、その一生を懸けて毎日毎日努力したとしても、あるひとつの道を究《きわ》めることは容易ではないのだと気づきます。

歩めば歩むほど、その道の広がりを知るからです。

僕も、花屋さんやホームセンターで、名前がわからない植物に出会うことはよくあります。そういうとき、まだまだ知らない植物がたくさんあるのだと痛感します。

物事を知っている人ほど、知らないことを悟り、その前提で話ができるようになるのです。

禅問答のような話になってしまいましたが、一流の植物学者や収集家は、どんなに植物を広く知っていたとしても、自分の知らない植物のほうが圧倒的に多いということを常に意識しているものだと思います。

きっと、どんな業界でも同じことがいえるのではないでしょうか。

万事は木のように
成り立っている

２０１２年までの僕は、幕末から約１５０年つづく花と植木の生産卸業・花宇《はなう》の５代目として、ひたすら地道に仕事をしていました。一見《いちげん》さんお断り、取材お断り、植物専門業者以外の仕事は引き受けない、そんなスタイルでやってきた家業は、あくまでフラワーデザイナーや華道家を裏で支える業者であり、決して表に出ることはありませんでした。

僕はそんな家業を継ぎながら、２０１２年1月、新しく植物専門のコンサルティング事務所を構え、「そら植物園」という活動を開始しました。

家業と大きく違う点は、さまざまな団体や企業、行政機関、クリエイターなど、植物業界以外の方々からの仕事の相談を受ける窓口を設置したこと。それから、植物の材料供給だけでなく、一緒にプロジェクトを進め、それを世の中に発信するようにしたことです。

活動を開始すると、瞬く間に忙しくなっていきました。その活動を木にたとえるならば、時間とともにいろいろな方向にどんどん枝を広げて花が咲き始めているようなイメージです。

そんな成長をしつづける木の一部になりたいと、うちの会社で働きたいと志願してくれる若者も増えました。うれしいことですが、僕がいつも大切にしていることは、表に出ない地面の下を支える存在のことを知ってもらうこと。

「石の上にも三年」という言葉があります。僕の場合でいうと、21歳から仕事をし始めて、365日、家業のために狂おしいくらい、ただひたすら野山を回り畑仕事をしていた10年がそれにあたります。

その時間こそが、「そら植物園」という成長著しい木を支える根となっているのだと思います。

木は、目に見える地上部と同じくらい、地中に根を張っています。その見えない根の部分があって、初めて枝を広げていくことができるのです。

たとえば、スリランカのペラデニア植物園で見たベンジャミンの巨木も、そのことを物語っていました。大きく広げた枝の下に入ってみると、その枝と同じくらい地中に広がった太い根の感触が靴を通して伝わってきたのです。

どんな活動や仕事も同じだと思います。

私たちは何かの仕事や活動を見るとき、表面に出ている部分についつい目が行きがちですが、大切なことはその根っこを想像してみることかもしれません。

〝切ったらかわいそう〟は
木を見て森を見ざるの話？

アルゼンチンとボリビアの国境あたりにある森で1週間ほど仕事をしているとき、ペドロさんに、ピューマに気をつけたほうがいいよ、とアドバイスを受けました。最近そのあたりで家畜が食い殺されているそうです。

僕が辿《たど》り着いたパラボラッチョ（酔っぱらいの木）が自生している森は、宿からどこまでもつづく農場の間を抜け2時間ほど走ったところにありました。

アルゼンチンの広大な国土には、コットン、サトウキビ、ソルゴとよばれる穀物、トウモロコシ、豆などのプランテーションが広がっていて、その間を4WDで走っていると、〝のどかで美しい景色やなぁ〟とうっかり思いそうになります。この農場を作るために、想像を絶する量の美しい植物が切り倒されているという現実を棚にあげて……。

隣町では、1000ヘクタールの森が切り開かれて農場になり、そのおかげで野生のピューマも住むところがなくなったそうです。だからペドロさんの森や農場のほうへやってきていたのです。

また、アルゼンチンではあまりにも大きな土地を切り開いて農場を作るせいで、雨が降らなくなったということも知りました。

いっぽうの僕は、たった4本の木を採取しにそこまでやってきて、地元の人を雇い、協力してできるだけ木を傷めないよう精魂込めて必死に日本に運びました。

これらは非常に対照的ですが、かといって、たった数本の木を大事に運ぶ自分と、何万本という木を切り倒して農場を作るアルゼンチンの農家を対比して、農家を悪者扱いしたいわけではありません。もしかしたら、そこで育った野菜が知らず知らずのうちに僕の口に入っている、つまり自分が恩恵を受けている可能性だってあるからです。

木を切ったり掘ったりして運ぶ僕の仕事よりも、建築家が建物をひとつ建てたり、行政が新しい道を切り開いたり、ディベロッパーが山を開発するほうがよっぽど植物を殺しているし、かわいそうだ、というつもりもありません。だって、建物にも道路にも僕は恩恵を受けているからです。

結局、誰もが動物や植物の命の犠牲の上で生きているのであり、それがまぎれもない人間の営みなのです。

動物にせよ、植物にせよ、どの命を奪うとかわいそうで、どれがかわいそうではないという話は本当に難しい、と、ペドロさんが僕をもてなすために朝いちばんに捌《さば》いて焼いてくれた豚の肉を食べながら、考えていました。

幹の章

〝失敗は成功のもと〟には、2種類の意味がある

皆さんは、『課外授業　ようこそ先輩』というNHKの番組をご存じでしょうか。さまざまなジャンルで活動する人が、自分の母校の小学校の1クラスの生徒を対象に、2日間にわたって授業を行なうという内容です。

まだまだ残暑が残る9月の暑い日でした。先生役として出演依頼があった僕の農場に、生徒たちは元気にやってきました。授業で実際にやってもらおうと決めたのは、畑に地植えされた「お化け鶏頭《けいとう》」というインドの花を掘り起こして植木鉢に移植するという、いわば植物の手術みたいなミッションです。お化け鶏頭は生徒たちの背丈ほどもある、大きな花です。

草花を移植するには、テクニックが必要です。それも時期や品種によってさまざまです。

初日、僕はわざと何もやり方を教えずに、自分たちで考えて実践してもらいました。みんな力を合わせて、用意された道具や園芸資材を使って一生懸命に植え替えをしてくれました。

そして2日目、彼らは意気揚々と農場へやってくるのですが、そこで待っていたのは、元気がなくなったり枯れそうになっているお化け鶏頭たち。

希望に満ちた子供たちの表情に、一瞬にして落胆の色が浮かびます。

普通、園芸の先生や講師なら誰しも、
「どうやったら植物をうまく育てられるか」
ということをさまざまな方法で教えます。ですが僕は逆に、まず、
「自分が大事に思っている植物を、枯らしてしまったときのショック」
を伝えたかったのです。

その後、僕は植物の生きるメカニズムを説明して、正しい〝手術〟の方法を教えました。

子供たちの飲み込みはすばらしいものでした。2日目の手術はみな、大成功に終わったのです。

誰かに何かを教えたいときには、初めから丁寧に教えるのが効率がよいとは限りません。失敗は成功のもとといいますが、〝失敗してもいいからやってみよう〟という失敗と、〝絶対成功させてやる！〟という気持ちのもとでの失敗は、まったく別物なのだと思います。後者の失敗では大きなショックを味わいますが、そこから学ぶことは非常に大きいのです。

あの授業は、そういうことを如実に物語っているのかもしれません。

極端なことは、親切なこと

この本を読んでくださっているあなたが、最後に見た植物は何でしょうか？　思い出せますか。

朝起きて、家を出て毎日通う学校や会社までの道で最初に見る木や、いつも乗り降りする駅に植わっている木。

思い浮かべてみて、その木や植物の名前をいうことはできますか？

講演会でも、僕はわざとお客さんに、こういったイジワルな質問をよくします。でも、大概の場合が僕の思っているとおり、すぐに答えてくれる人は少ないのです。みんな、有名な建築家が建てた建物やおいしいパンケーキ屋さんの場所と名前は覚えていたとしても、毎日見ているはずの木の名前は、まったくわからないのです。

かくいう僕も、かつてはそうでした。しかしたったひとつのきっかけが、僕の人生観を変えてくれたのです。21歳の頃、海外を転々としていた僕がたまたまボルネオ島に滞在中の話です。キナバル山（標高４０９５メートル）を登っているとき、世界最大の食虫植物であるネペンセス・ラジャと出会ったのが、きっかけでした。その植物のグロさとインパクトといったら……、それまでの人生で経験したことのないような存在感でした。生まれて初めて「植物すげえ！」と感動した瞬間だったのです。僕の植物に対する意識は、このような極端な出会いによって芽生えたのです。

その後、実際に仕事として植物に携《たずさ》わるうちに、珍しい植物が好きだった僕は、いつの間にか道端にあるさりげない草など、身近な植物まで気になるようになり、気がつけばどんな植物も意識するようになっていったのです。これは芸術を鑑賞するときや、スポーツを観戦するときも同じだと思います。

圧倒的で極端にすごい例は、そのジャンルにまだ詳しくない人をその魅力の世界へいざなってくれることがあると思います。

きっと素朴な植物ばかり眺めていても、若かった僕の感性では、なかなか〝モノゴコロ〟はつかなかったでしょう。浅田真央さんに憧《あこが》れてスケートを練習している少女たちのように、僕もまた、ネペンセス・ラジャに感謝しているのです。植物の世界への扉を開いてくれたからです。

僕がわざわざ巨木を海の向こうから持ってくることも、あえて極端なことをすることが、時に誰かにとって親切なきっかけになることがあると、経験上知っているからです。

TEXU 1525999

垣根を飛び越える、出会いの妙

いけばなの世界には、「出会いの妙」という言葉があります。

「妙」とはざっくりいうと、「面白い」という意味です。いけばなを通じて、本来なら出会うはずのない花や草木がひとつの器の中で出会い、面白い世界を創っているさまを指す言葉が、「出会いの妙」です。中川幸夫《なかがわゆきお》氏、勅使河原蒼風《てしがはらそうふう》氏、小原豊雲《おはらほううん》氏など、戦後、前衛いけばな作家が活躍した時代に、世界のさまざまな面白い植物と日本の和花が器の中で出会い、この言葉が生まれたのです。

また、いけばな作家がその器に、どの花材とどの花材を合わせて活けるかを決める作業のことを「取り合わせ」といいます。その「取り合わせ」をする現場などで、どれだけ作者に可能性を提供できるかを考え、さまざまな花材を心配りするのが、長い間僕がやってきた仕事です。

地球上に植物は膨大にあり、その組み合わせと出会いによって生まれる世界の可能性は無限大です。僕がプロデュースした「代々木ヴィレッジ」の庭も、いけばなではありませんが、実はそうした「出会いの妙」を体現している庭といえます。

中国のハンカチの木の下にはアメリカの砂漠からやってきたサボテンが、ペルーのペッパーベリーの下にはブータンのミツマタが、その隣にはチリのアンデス山脈からやってきたパイナップルの仲間が、その向こうにはヒマラヤのバナナが実をつけています。

まったく違う環境で暮らす植物たちが一堂に会している様子を見て、

「大丈夫かな？　ちゃんと生きていけるかな？」

とお客さんに心配してほしい。そういう意図で取り合わせました。

いけばなが生まれた室町時代には、今のような物流がない中で、海を超えてさまざまな花がコラボレーションすることはありませんでした。逆に、現代では世界中がつながって、人も動物も、ものも情報も、文化も、技術も、肉も野菜も、観賞用植物も、海を渡って行き来しています。そのため、国境を前提にした「妙」はできなくなってきました。

きっと、今の時代に合った「出会いの妙」とは、ジャンルを超えてコラボすることや、出会うはずのなかった人同士がコラボすることなのかもしれません。

2012年初めに、「そら植物園」の活動を始めたとき、

「今の時代、植物を使った可能性は、建築、医療、教育、アート、デザイン、音楽、化学、政治などあらゆるジャンルと交ざり合い、垣根を飛び越えることにある」

ということを証明したいと思いました。それは現在も変わらず活動のスローガンとなっており、今日の「そら植物園」において、さまざまな「出会いの妙」を生んでいます。

code
kurkku
code kurkku

温室で悩む前に、贅沢病だと思ってみる

誤解されやすいのですが、温室は、冬の寒さから植物を守るためだけの建築物ではありません。逆に夏の暑さから植物を守るための建築物でもあるのです。

たとえ熱帯植物といえども、暑ければよいわけではなく、30度を超えると成長をとめてしまうものもあります。もちろん植物の種類によって変わりますが、地球上のほとんどの植物がおよそ15度～25度の間を心地よいと感じるらしく、成長温度とされています。

冬は寒風から植物を守り、寒くなりすぎないように暖気を入れる。夏は直射日光から植物を守り、暑くなりすぎないように熱い空気をうまく外へ逃がす。温室は、できるだけ温度の振れ幅を抑えて、植物にとって快適な環境を作っているのです。

「温室育ち」とは、苦労せずに育った人を、温室の快適な環境で育った植物になぞらえたアイロニックな表現ですが、実際、植物も人も同じで、どんな環境で育ってきたかで、その耐久性が驚くほど変わります。同じ品種の植物で比べてみても、野生のものに比べ、温室で快適に育ったものは弱いのです。

たとえば、観葉植物として一般的に普及しているフィカス・ウンベラータ。〝日向《ひなた》ぼっこさせてあげようと屋外に出したら陽差《ひざ》しで葉っぱが焼けてしまった〟という経験がある人も多いと思います。もともとウンベラータは、西アフリカの灼熱《しゃくねつ》のサバンナで育つタフな植物です。しかし、ぬくぬくと〝温室育ち〟した株は、本来の強さを持ち合わせていないので、急に屋外に出し、直射日光にさらされるとびっくりして葉などをヤケドしてしまうことが多いのです。

　ただし面白いのはそれからで、いったん陽に焼けて葉を落としてしまっても、そのまま屋外に置いておくとまた葉っぱが出てきます。そしてその屋外で出た葉っぱはすでに外の環境に適応した葉っぱなので、今度は陽に焼けることはないのです。そうやって植物は常に自分の育つ環境の変化に適応しようとします。これはウンベラータに限らず大概の観葉植物にもいえることです。

　人も植物も、遺伝子で決まっている部分と、育った環境によって決まる部分と、両方の組み合わせによって今日の姿やその能力が変化していきます。

　日本は、あらゆることが便利になり生活の隅々まで〝温室生活〟のように快適です。企業は、温室生活に必要なものをあらゆる方面から開発し販売しています。生物的に、少しでも条件のよい環境で暮らしたいという欲求は間違ってはいません。しかし、温室から一歩出たときの野性は失わずにいたいものです。

　人はそれぞれ成長の過程でいろいろな悩みに出くわします。そんなとき、今日も命懸けで生きている野生植物のことを思い浮かべてください。きっと温室の中で悩んでいる自分が贅沢病だとわかると思います。

植物は、優れたコミュニケーションツールである

近くに栽培することで、お互いが好影響を与え合う植物のことを「コンパニオンプランツ」といいます。

たとえば、マリーゴールドとトマトを一緒に植えると、マリーゴールドがコナジラミなどの害虫を遠ざけ、トマトの風味をよくしてくれるといわれています。ほかにも、キャベツとセージ（モンシロチョウがキャベツに卵を産むのを防ぐ）、タマネギとカモミール（弱ったタマネギが元気を取り戻す）など、さまざまな組み合わせがあります。

科学的に効果が実証されている例はそれほど多くはありませんが、経験則として、多くの農家さんで実践されているようです。

こうした共生関係は、私たち人間も見習いたいものです。

小豆島《しょうどしま》町の役場から、「壺井栄さんの生誕地を花畑に変えてほしい」と依頼を受けたのは、2013年のことでした。『二十四の瞳』で知られる壺井さんは小豆島出身。その生誕地は、史跡になっていたものの、長らく手入れされず荒れていました。そこで僕に、お話がきたのです。

いろいろ考えた結果、その場所を「コミュニティガーデン」にしようと思いました。僕が業者としてただガーデンを造るのではなく、地元の人々が自由に花を持ち寄って世話ができるような仕組みとベースになる花壇を造ったのでした。

完成のセレモニーは大盛況でした。花壇にはお年寄りから子供までさまざまな人が集まり、相談しながら花を植えていきます。何を植えるかなんて重要ではありません。そこで、コミュニケーションが生まれることが大切なのです。みんなで会話に花を咲かせながら、花壇を花でいっぱいにしていく光景を見て、僕はそんなことを思いました。

ガーデンを彩《いろど》る植物たちは、私たちをもてなし癒《いや》してくれます。

そんな植物たちを、私たちは大切にお世話します。

そして、植物を通して人間同士にも交流が生まれます。

まるで、植物と人間、人間と人間が「コンパニオンプランツ」のように、好影響を与え合う関係になっているのです。

ひとつのガーデンをきっかけに生まれるこうした関係は、壺井さんがもっとも喜ぶことだろうと、僕は思っています。壺井さんは生前、「みんな仲良く」という言葉を残したそうです。

それから数カ月経ったある日、小豆島に行く機会があったので、あの花畑に立ち寄ってみようと、この島独特の細い道を歩いたときのこと。生誕地に向かう途中、以前は何もなかったはずの民家の玄関には、みな植木鉢に入った花や木が飾られていたのです。僕は、その無言のコミュニケーションを、ただただうれしく感じたのを覚えています。

NGONGOCLUB

枝の章

環境保全は、正義感より
愛から始めよう

「そら植物園」の事務所には、講演会やトークイベント、テレビやラジオ出演の依頼が多数寄せられます。場所は大学、小学校、サロン、美術館、ギャラリー、テレビ局やラジオ局などさまざまです。お話をさせていただく機会に恵まれたときは、これだけはいわないでおこうと誓っていることがあります。それは、

〝自然や環境のことを思いやりましょう〟

という類《たぐい》の話です。

植物を扱う仕事をしている以上、「自然」や「環境」などというキーワードは避けて通れないものです。

自分がたくさん植物を育てているのをいいことに、環境破壊を行なってきた人類を悪者にして〝自然や環境を思いやりましょう〟と自分を良く見せるのは簡単ですが、そもそも人類の歴史というのは、自然を破壊しつづけてきた歴史そのもの。自分の生活のすべてが、今までの人類の歩みの上に成り立っているのです。ですから人類が今まで行なってきた環境破壊に対して、自分は無関係であるという資格は誰にもないと、僕自身も思っています。

ただし他の生物に比べて発達した脳を持つ人間が〝自然や環境を思いやりましょう〟という言葉を口にしたときに得られる、あのなんともいいがたい正義感が、時に人々を

勘違いさせてしまうのではないか、と心配してしまうことがあるのです。

〝環境を守らなければ〟という正義感や、〝このままでは地球が危ない〟という危機感を煽《あお》るだけで、本当に世界は変わるのでしょうか。

たとえば、目の前に困っている人がいたとします。そのとき、〝この人を助けなければ〟という正義感で助けるのと、家族や恋人が困っていて、〝愛する人を助けたい〟という気持ちで助けるのとでは、圧倒的に後者のほうが大きな力が動くはず。

そう、愛の力は正義感を超えるのです。

だから僕は、環境や自然のことを守りたいのであれば、その必要性を述べることよりも、まずは好きになってもらうことがいちばん大切なのではないかと考えたのです。

複雑なデータを片手に環境破壊への警告を訴える人は世の中にたくさんいますが、植物や自然が大好きな自分がすべきことは、植物に対する愛情の量を増やすことだろうと思いました。そしてそのための手段としてもっとも有効なのは、植物を使ったいろいろなプロジェクトに取り組み、次々と成功させ、いろいろな角度から一人でも多くの人に植物の魅力を伝えることだと思っています。

それが遠回りのようで近道であり、よっぽどリアルだと考えるからです。

足を使うことが、最高のプレゼンテーション

500年以上続くいけばなの歴史において、「足で活ける」という言葉は比較的モダンなものです。

現代では、市場に行けば色とりどりの花が買えるし、FAX1枚やメールひとつで珍しい花材を揃《そろ》えることができるようになりましたが、今のような流通システムのない時代には、花を活けようと思ったら当然ながら自分で庭の花を摘むことから始めたことでしょう。もしくは自分で野山を歩き、探すことから始まったのです。

昔の花人は、どの花がどの時期に、どういう場所に生えているかをよく知っていました。しかし、現代は便利になりすぎて、自分が活ける花を自分で探して摘んでくるという当たり前のことをしなくなりました。だからこそ「足で活ける」という言葉は生まれたのだと思います。このことは、現代の花人には植生《しょくせい》に詳しい人が少ないという背景を示しているような気がしてなりません。

アデニウムがなぜ〝砂漠のバラ〟と呼ばれるのか。実際にイエメンに行き、色のない砂漠で唯一、眩《まぶ》しいほど鮮やかなピンク色の花を咲かせているのを見て、僕にはそれがよくわかりました。また、マダガスカルでバオバブを実際に見たときにも、なぜ人は飛行機に乗ってまでこの木に会いに来るのか、よくわかったのです。誰かに何かの魅力を語るとき、本やインターネットで学んだことを伝えるのと、自分の足で行動し経験したことを伝えるのとでは、相手への響き方に雲泥の差があるのです。

そのことは、私たちの生活に浸透してきているソーシャルメディアも物語っています。「あそこの店のケーキ、おいしいらしいよ」と人から聞いた話を伝えるよりも、自分でその店に行って撮った写真つきで「とってもおいしかったです」と伝えるほうが、より多くの人に響きますよね。そう、この〝足を使う〟ということこそが最高のプレゼンテーションだと、みんな知っているのです。

僕は植物が好きだから、日本中の野山を歩き、世界中を旅して植物と出会う。その経験を、日々の仕事のプレゼンテーションに役立てています。実際に自分が見て惚《ほ》れた植物だからこそ、説明には熱が入ります。また、お客さんが植物を選ぶときにも、できるだけ自分の農場に足を運んでもらい、現物を見てもらうことにしています。そうやってお客さんの足までも使うことが、すでに僕のプレゼンテーションだからです。

植物は、いかに
隣にいるものを出し抜くかを
常に考えて生きている

木々がせめぎ合うジャングルの中では、常に植物たちが日照権をめぐって競争しています。隣に自分より大きな木があると、その木に負けないように、我れ先に背を伸ばします。

また、周りの木が大きくて日陰気味になると、葉っぱを大きくして少しでも日光を取り入れようとします。

自然界では、動物同士だけでなく、植物同士も日々せめぎ合い、生存競争を繰り返しているのです。

一方、人間社会はどうでしょうか。競争という点で僕が思い出すのが、「ゆとり教育」です。

競争や順位をなくそうという発想は、子供たちから競争心を奪い、私たち人間が持っているはずの大事なもの、〝野性〟を失わせてしまうので、自然に逆らっているような気がします。

木同士は、もちろん日々競い合っているのですが、どんなに密集していても、互いにぶつかることはありません。それぞれの枝をよけて、ひたすら日光を求めて上に伸びるのです。

人間も自然の一部です。賛否両論のあったゆとり教育ですが、２０１１年度からは

「脱ゆとり」へと方向転換しました。

生物が何億年も繰り返してきた生存競争を考えてみれば、おのずと答えが出ていたのではないでしょうか。

桜切る馬鹿、梅切らぬ馬鹿、
桜知らぬ馬鹿

枝を切られると弱ってしまう桜を剪定《せんてい》し、枝を切らないと実がなりにくくなる梅を剪定しない人。

転じて、〝余計なことばかりして、肝心なことをしない〟人。そんな人を表すウィットに富んだ比喩《ひゆ》が、

「桜切る馬鹿、梅切らぬ馬鹿」

という言葉です。

日本語は、本当によくできているなぁと感心することがよくあります。

皆さんも明日から、つぼを押さえた仕事がなかなかできない部下や後輩に、この言葉を使って冗談半分にたしなめることができるでしょう。

こういう古人のスパイスが効いた言い回しは個人的には大好きなのですが、実は、桜が切ったら弱るというのは、特定の品種にしか当てはまりません。

たとえば、ソメイヨシノは枝を切ると弱ります。日本では圧倒的にソメイヨシノが普及しているので、たぶんそれが例となってこの言葉は生まれたのでしょう。

ソメイヨシノ以外にも切ると弱る桜の品種はありますが、エドヒガンやヤエベニシダレなどはそれに該当せず、何度剪定をしても枝が伸びてきます。つまり、〝桜＝切った

ら弱る〟というのは案外、視野が狭い見方なのです。

誰かに対して「つぼを押さえたことをしていないなぁ」と思っても、まずは自分の知識や見識が、それを相手方にいえるだけの背景があるかどうか、自身に問いかけてみるといいかもしれません。そうでないと、

「桜知らぬ馬鹿」

になってしまいますので。

街路樹がその街の豊かさを物語る

ガーデンシティ（庭園のような環境がある都市）の可能性を示しつづけるシンガポール。

玄関口であるチャンギ国際空港は、いたるところに熱帯植物が植えられていて、まるで植物園のようです。街を歩けば日陰を作るよう世界中の木がたくさん植えられています。そして、2012年にマリーナ湾沿いに造られた巨大植物テーマパーク「ガーデンズ・バイ・ザ・ベイ」は、約100ヘクタールの広大な敷地を有し、数十万種もの植物が生息しています。シンガポールが国策として国土を緑で覆うことに尽力してきたことが、目に見えてよくわかります。

しかし、1960年代、シンガポールで初の首相となったリー・クアン・ユーが、国家をガーデンシティにしようと決心したとき、財源もなければ、誰の理解も得られなかったといいます。それが、たった一人の政治家の、強い気持ちとビジョン、そして責任感ある息の長い取り組みが、東京都のわずか3分の1ほどの小さな国土しかないシンガポールを、誰もが認める世界有数のガーデン国家として大成させたのです。

「街に緑を」というフレーズは誰の耳にもやさしく響きます。きっと政治家も開発業者も造園業者も、みんなが口にしたい言葉です。しかし言葉だけではなく実際に行動し、どれだけ緑量を増やすことができたかという結果がすべてなのです。

日本では、〃ガーデン○○〃〃パーク○○〃〃グリーン○○〃など、なんとなく緑豊かなイメージを連想させる名前がつけられたホテルや商業施設やマンションや広場がありますが、実際に名前どおりの印象を受ける場所に行ったことはありますか。

行政は、緑被率（特定の面積の中でどれだけ緑化面積があるかの割合を示す数字）を条例などで設定し、緑化に取り組んでいます。

しかし、大切なのは緑〃視〃率です。植物は立体的です。「そこまで切ったら木がある意味がないんじゃないかな」と心配になるくらい枝葉を剪定した公園の木や街路樹をよく目にします。設計時に、図面で緑被率を何％確保したとしても、実際管理する業者の剪定の仕方でその緑量は劇的に変わるのです。

また、致命的なのは緑化事業の樹種を決める設計士のほとんどが、自分で植物を育てたことのない人だということです。設計者は設計が終われればその10年後の責任を持つことはありませんし、想像もできないと思います。

アメリカのオレゴン州ポートランドに行くと、公園の木も街路樹も伸び伸びしています。木は自然の形のままに育ち、街路樹も道路の反対側までトンネルのように枝が伸びていて、まるで森の中を歩いているようです。そこには、図面では表すことができない、やさしくて豊かな緑量がありました。

朝は、公園に人が集まり、落ち葉や枯れ枝を掃除しています。定期的にボランティアで行なっているそうです。街の住人にとって街の木は、OUR TREE（私たちの木）という認識だからです。一方で、日本では、街の木は街のもの、公園の木は公園のものであって、自分たちのものと意識している人は少ないでしょう。この意識の差は、ちゃんと街の緑視率となって表れているのです。

ちなみに、未来の街のあり方のプレゼンテーションである、「代々木ヴィレッジ」の庭でもポートランドと同様のことが行なわれています。定期的な季節の花の入れ替えや簡単なメンテナンスは、テナントで働くみんなとボランティアで来てくださる方々で行なっています。近所の方にとっても身近な庭になっているのです。

大切なのは、一人ひとりが、街の緑を思いやり、自分のものだと思うことです。そして息の長い取り組みをすることです。

あなたの街の緑はどうですか？

豊かですか？

歩きなれたいつもの道。ふと視線を上げてみてください。

街路樹の姿がそれを物語っているのではないでしょうか。

コラム

ブログという、根っこ的プレゼンテーションが、僕の人生を変えた

月並みないい方ですが、誰にでも、人生のターニングポイントがあります。もちろんそれは人によって、時期もきっかけも千差万別ですが、僕の場合、大きなターニングポイントになったのがブログを書き始めたことでした。きっかけは、いつも通っている美容室で〝清順の毎日は面白いから書いてみれば〟と言われたことでした。早速デザイナーの友達に制作を依頼。上がってきたブログのタイトルは、「Plant Hunter」でした。そこに「～花の奇跡を信じないひとは見てもしょうがないブログ～」という、ちょっと挑発的なサブタイトルを加えてもらいました。

ブログで日々を綴《つづ》り始めてからしばらく経《た》つと、早速反響がきました。

見知らぬ人からも「応援しています」と街中で声をかけてもらったり、「衝撃を受けた」「勇気をもらって進路を決めることができました」などと、メールやお手紙を頂戴することも増えました。とくに、「涙した」と多くの人がいってくれました。ブログを書き始めて仕事の依頼はもちろん、テレビや雑誌、新聞などの取材も頻繁に依頼されるようになりました。ブログを書いてなかったら、今の自分は絶対なかったと思います。

そんな中でひとつ、わかったことがあります。ひと昔前の人々は、花や木がどうきれいにデザインされているか、という目線でしか見ていなかったのが、今の人々は、その草木や花がそこに届けられるまでにどういう過程を経てきたのか、どういう思いで植物が育てられたのかなど、もっと植物の仕事の根っこの部分に興味を持っている、ということです。

ブログは、その日の気分のままに書く、いちばん素直な文です。特殊な仕事ゆえ、そこに書けるのは実際にやっていることのほんの一部ですが、それでも、僕の仕事の本質をついたものになっていると思います。

そんな日々のリアリティーと、植物の仕事の根っこの部分を綴ったリアリティーが、たまたまいろいろな人に対しての、いちばん素直な、根っこ的プレゼンテーションになったのかもしれません。

木も、人間も、その根っこの値打ちは、どれだけの深さを持っているかで決まります。その深さが、実際に目に見える部分すべてを支えているからです。土の中にある根っこも酸素が必要であり、もちろん呼吸もします。僕は自分の根っこブログを発表することであえて風通しをよくし、しっかりその根を太く育てようと試みているのです。

それがたまたまプレゼンテーションとして成り立っていたとしたら、きっとそれは悪くないことなんじゃないかな、と思っています。

葉の章

「世の中に新しい創造などない、
あるのはただ発見である」
と、彼が言った

まだ何色にも染まっていない無垢《むく》な赤ちゃんを見ると、発見こそすべてであると気づかされます。何かを見つけるたびに、とりあえず手にとってみる。それを振ってみたり、口に入れてみたりして、音の鳴るものなら遊んでみたり、食べられるものだったら食べてみる。〝ダメ〟と取り上げられたら、そういうことなんだと学んでいく。

まずは何かを見つける（発見する）ところから、人間はすべてが始まるのです。

植物を使った芸術作品の創作も、まさに植物素材ありきです。

どんなにクリエイティビティがある人でも、自分の頭の中で新しい植物を創り出すことはできません。「あ、こんな植物があった」「この花をこう活かせば面白い」。そうやって作品は創られていく、素材が作家に発想を与える芸術だと思います。

あのアントニ・ガウディもまた、「世の中に新しい創造などない、あるのはただ発見である」と言っています。

たとえば、チャメロプスという地中海沿岸に自生するヤシの葉は、ガウディにとっては格好の建築のモチーフだったようです。

よく見てみると、サグラダ・ファミリアを支える大きなあの柱も、プラタナスがモチーフになっています。

プラタナスといえば、スペインなどヨーロッパではもっとも普及している街路樹のひとってです。ですからプラタナスは、ガウディにとってもスペインに住んでいる誰にとっても、身近な植物だったことでしょう。

ガウディは身近にある植物の中に美を発見し、あの柱を造ったわけです。その柱には、よく見ると、こぶのようなものがデザインとして取り入れられています。あれは幹を剪《せん》定《てい》した後に年月を経てできるプラタナス独特の膨らみで、そのようなディテールを建築デザインに活かしているところが僕のようなマニアックな人間にはたまりません。それを造ったガウディの創造力ではなく、観察力が胸に響くのです。

最後にもうひとつ、ガウディが残した名言です。

「すべては、自然が書いた偉大な書物を学ぶことから生まれる。人間が造るものは、すでにその偉大な書物の中に書かれている」

それが常識、
と思う前に旅をしよう

春は花咲き芽吹く。

夏は茂って、秋は色づき実る。

そして冬は眠る。

四季の美しい国に生まれ、豊かな木々に囲まれて生きている私たち日本人にとっては、当たり前の1年のサイクル。

しかし一方で、熱帯ジャングルの草花は、年中休むことなく死ぬまで成長しつづけています。

砂漠に生きる草木は、くる日もくる日も雨を待っていて、ひと雨降ると何万という草花を一斉に芽吹かせ、一気に景色を華やかなものに変えます。

高山に生きる植物は、厳しい寒さや日光から身を守るため、全身に毛を生やすことがあります。

山火事の多い森の植物は、火を利用して子孫を残す工夫をしています。

旅はこのようなさまざまなことを教えてくれます。僕は、世界を旅すれば旅するほど、逆に自分の祖国のことによく気づかされるような気がしています。

人の生活も同じです。

毎朝満員電車に乗ることが常識だと思っている日本人ビジネスパーソンもいれば、1

00頭のラクダに「今日はどこの草を食べさせようか」と考えるのが毎日の常識だと思っているモロッコ人ラクダ使いもいます。

私たちはついつい、自分の目の前で日常的に起きていることが世の中の常識だと思いがちです。しかし、世界を見渡すような広い視点で見たとき、自分が当たり前だと思っている常識は、世界には億万通りもあることを、旅は教えてくれるのです。

〝花を美しいと思えるかどうかは、
見る人の心次第なんだ〟

羊飼いの少年はこういった。

「もし君が砂漠で遭難したとして、絶望の中で何日間もさまよっているときに、この花を見たとしたら、それでも美しいと思える自信はあるかい？　花を美しいと思えるかどうかは、およそ自分の心次第なんだ。美しいものをちゃんと美しいと思えることは、自分の心が豊かで幸せな証拠だと思うと、そんな日々に感謝したくなるよ」

これは僕が秘境、イエメンのソコトラ島で〝砂漠のバラ〟に出会った日の夜、ぼーっと海を見ている間に浮かんできたプチ物語です。

ナツメヤシの葉でできたテントから見るアデン湾はのんびりしていて、こんな穏やかな海が海賊の蛮行で国際問題になっているとは信じられない。さえぎるものが何もなく、目線の高さから広がる星空。ピースフルな波の音。毎朝飲む独特の甘い紅茶。遠くを見つめるエジプシャンイーグルの精悍《せいかん》な姿。浜辺での歯磨き。出発の準備が整うと、毎日気持ちよい風を感じながら４ＷＤを走らせては、次々とまだ見ぬ島中の植物たちを探しに行く……。そんな夢のような日々でした。

インターネットはおろか電話もまったく通じず、電気やガスも不自由でしたが、そこは、人間が生きていく上で必要な感覚をすべて刺激してくれるものに溢《あふ》れていて、とても〝豊か〟な場所だと思いました。

そんなソコトラ島は、世界でも類を見ない独自の進化を遂げた植物が見られる一方、極端な乾燥地であるため、島のほとんどが砂漠です。砂漠にはあまり色がありません。岩の色、砂の色、乾いた樹木の色。同系色で成り立つ独特の景色の中で、びっくりするくらい鮮やかな色の花を咲かせていたのが、砂漠のバラでした。砂漠で見たその花は、思わず声を上げたくなるような美しいものでした。

情勢の不安定なアラブ諸国に滞在していると、地元の人たちの毎日の営みや苦労がうかがえます。生きるのに必死で、花に目をやる余裕のない人が多いのです。そんな中で、遠い日本からやってきて、砂漠に咲く一輪の花を〝美しい〟と感嘆している自分は、本当に恵まれているのだな、と気がつきました。そして帰国した後は、街角の花屋さんで見る花も美しいと思えることは、本当に〝豊か〟なことなんだと思うようになりました。

花を愛《め》でることができるということは、心が健全で豊かであるという、何よりの証明です。今の時代はものが溢れすぎていて、何が〝豊か〟なことなのかを見失いがちですが、砂漠のバラは、そんな大切なことをそっと教えてくれたような気がしてなりません。

時には電動歯ブラシみたいな
体験も

海外のガーデンショーを視察すること。

動物園の飼育員さんの話を聞くこと。

植物のバイオテクノロジーの本を読んでみること。

登山家のテクニックを学ぶこと。


これらはどれも、僕にとっては電動歯ブラシに似ています。

普通の歯ブラシで十分にコトは足りているので、自分の人生にとって欠かせないものではありません。

でも、電動歯ブラシを使ってみたら使ってみたで、〝ああ、なるほど。こういう世界もあるのか〞という経験にはなります。

毎日の仕事に熱中しすぎてしまうと、自分の世界だけに一点集中し、それを掘り下げて掘り下げて、どれだけ掘り下げられるかにすべてを費やすようになります。その結果、それ以外のことにあまり興味が湧《わ》かなくなったり、視野を狭めてしまう可能性があると思います。

僕の場合、海外のガーデンショーに行くのは、最新の流行を調査するためではありません。さまざまな業者さんのプレゼンテーションを見ると、新しい発見があり、自分のやっていることを客観視できることがあるからです。

だから、たまにはちょっと気分を変えて、〝電動歯ブラシ的なこと〟をやってみると、意外に役立ったりするものだなぁと思います。

植物と話すときに大切なこと。
人と話すときに大切なこと。

「もちろん、実際に植物と話したことはないですよ。植物は言葉を持っていないですし。でもね、たとえば、リングに上がった二人のボクサーが命懸けで戦って、そして戦い終えたとき、言葉を交わさなくとも拳《こぶし》を交えた二人にしかわからない会話のようなものが成立することって、あると思うんです。僕もそれに似たようなものを、植物に対して感じることがあって。大きな木に必死にしがみついて登ったり、全身全霊で植物と戦ったりしていると、なんとなく植物の気持ちがわかったような瞬間に出会うことがあるんです。それを会話というなら、そうかもしれませんね」

これは、あるイベントに出演した後にお客さんから「植物と話せますか?」と尋ねられたとき、自然と出た言葉でした。

植物と会話をするというテーマは、人類が永らく興味を持ってきたものでした。童話の中では当たり前ですが、現実に植物と話すことができたらどんなにすばらしいだろう。誰もが一度はそう思ったことがあるはずです。

ある実験では、木に「焼くぞ」と言葉をかけたら微量の電流を検知したそうですが、そんな化学反応を会話としてしまうのは、少々ロマンに欠けるような気もします。人も植物も動物も、常に微量の電流が体内に流れていて、それが接近したり触れ合ったりすると影響し合うのは、当たり前の話かもしれませんし。

人と話すことも植物と話すことも、要は、言葉ではなくコミュニケーションする姿勢が大切なのだと思います。

植物だってちゃんと向き合っていれば、その声が聞こえてくるのです。

言葉を持たない相手だってちゃんと向き合っていればわかり合えると思ったら、言葉を持っている人類同士が争い合ったりしているなんて、そんなはずはない、と思ってしまいます。

もしかしたら、ちゃんと向き合っていないだけなのかもしれませんね。

種の章

植物失楽園にようこそ

こういう仕事をしていると、「清順さんは、植物のどういうところから好きになっていくのですか?」というような質問を時々受けます。僕はあるとき、こんなふうに答えました。

「人が植物のことを好きになるメカニズムって、人が人のことを好きになるメカニズムとよく似ている」

まずは見た目です。「かっこいい」とか「かわいい」とか、「タイプだな」とか、誰かに出会ったときに自然に湧き起こる第一印象は、もっとも正直な気持ちです。そして、見た目から入った後にその人の性格などを知り、だんだん好きになっていくものだと思います。植物も同じで、出会ったときに「きれいだな」と感じる感情が、もっと知りたいという衝動に変わり、会いたい、触れたい、最後には、手に入れたい、というふうに想いが深くなっていくのです。

僕がモロッコへアルガンツリーに会いに行ったのは、好きという気持ちが抑えきれなくなったからです。

モロッコに自生するというアルガンツリーの存在を知り、初めてその老木の姿を写真で見たとき、「なんてかっこいいんだろう」と思いました。そしてその後、それが黄金の実をならせることや、それから採れるアルガンオイルがスローフード大賞をとって全世界で注目されていること、さらにそのオイルの製油作業は貴重な地場産業になっていることなどを知りました。また、モロッコでしか育たないといわれるほど栽培が難しい植物であり、現在は絶滅危惧《きぐ》種に指定されていると知ると、その希少性にも惹《ひ》かれました。

極めつけは、ヤギです。現地のヤギたちがアルガンツリーの実を食べたいと思うがあまり、なんと、木登りを覚えてしまったというのです。僕にとって知れば知るほど興味深くなっていくその存在は、いつしか「会いたい」「あわよくば自分のものにしたい」ものに変わりました。そして毎年5月に、ヤギたちが木に登り実を食べる姿が見られるという話を聞き、モロッコへ飛び立つことになったのです。

カサブランカからレンタカーでアトラス山脈を越え、南西部へ。「アラブの春」以降、情勢が不安定な中東や北アフリカへの旅を控えなければならなかったので、久しぶりの北アフリカへの旅は、まるで、会いに行きたくても行けない遠距離恋愛のように心躍るものでした。

また、アルガンの森に向かう道中に立ち寄った市場で、さまざまな日用品が売られている中に、アルガンオイルが瓶詰めされていたのを見たときの胸の高鳴りといったら……。まさに、恋人に会うために向かっているような心境です。

そして車を走らせて2日目、ふと出会ったのです。そう、夢にまで見た、ヤギがアルガンツリーに登り、夢中で実を食べている光景に。それはとてもファンタジックな光景でした。と、きれいにいいたいところですが、実際のヤギは、オッサンのゲップのような息を漏らしながら下品にひたすらアルガンツリーの実を食べていて、なんとも滑稽《こっけい》でした。

恋もそうだと思いますが、相手の美しい部分とリアルな部分の両方を知った上で、それを受け入れてなお好きという気持ちが生まれる瞬間があります。それがやがて愛に変わるのではないでしょうか。アルガンツリーに興味を持ち、いろいろ調べ、会いに行くために夢中で追いかけたこと。結果的にそのすべてが、自分と植物との恋愛感情をどんどん高めることになったのだと思います。

帰国し、手に入れたアルガンツリーの種を地元の人に教わった方法で蒔《ま》くと見事に発芽。その後僕は、大手のリサイクル会社が手がける農業のベンチャー企業など2社と協力して、アルガンツリーの栽培実験を行なっています。スペイン政府が産業植物として生産しようとして失敗し、「モロッコ以外では育たない」といわれたアルガンツリーの栽培に挑戦しているのです。今後は、同じアカテツ科の日本のアカテツに接《つ》ぎ木するなど、いろいろ試したいと考えています。

植物も人間も同じで、お付き合いが始まれば愛が深まり、最終的には相手との将来のことを考えるというのは自然なこと。たくさんの植物とお付き合いをさせていただいている僕は、まるで一夫多妻状態ですが、毎日恋人たちとの将来を妄想しながら人生を過ごしています。こんな僕の人生は花園のようでもあり、まさに植物との失楽園のようでもあるのです。

植物は知るが安全

お母さんがある日、花屋さんでハーブの苗を買ってきました。日当たりのいいベランダで育てながら、たまにその葉っぱを摘んで料理に使ってくれました。

実はこれ、ホラー映画なみに恐ろしい話だと思います。食品の流通とは違って、園芸市場の流通に乗った植物には、残留農薬を規制する明確な基準がないからです。

数年前、あるイベントでの装飾用に、食用ハーブの苗をできるだけたくさん集めてほしいという依頼を受けたときのこと。会場に飾るハーブは、来場されたお客さんがお茶にしたり食べたりするということでした。僕はハーブの生産を行なっている農家を訪ねたのですが、そこで不思議な光景を目《ま》のあたりにしたのです。温室で大量生産されていたハーブたちの葉っぱは、ひとつの虫喰いの形跡もなく、きれいに並んでいました。

害虫に喰べられないように、殺虫剤などを散布するのはよくあることなのですが、僕が不思議に思ったのは、生産されている苗たちの草丈が、見事に揃っていたからでした。

普通、同じ親から採った種を同じ日に蒔《ま》き、同じ場所で育てたとしても、草丈は揃わないものです。人間の兄弟が性格も体格も違うのと同じように、植物もそれぞれの個性があるからです。近年はメリクロン苗から育った観葉植物が多く出回り、みな同じ草丈、同じ顔をしています。なぜなら、兄弟ではなく、親のクローンだからです。

しかし、今回のハーブの場合は、それとも違いました。

「これってもしかして、矮化剤《わいかざい》かけてたりするんですか？」

「そやなぁ」

「そしたら、このハーブの苗、食べたらダメですよね？」

「そらそうや。ワシのハーブは食べたら怖いでぇ、ガッハッハ」

農家さんは悪気なさそうに笑って答えてくれました。

矮化剤とは植物の成長をコントロールする農薬のこと。その農家さんも草丈を間延びさせず、見栄えのするハーブを出荷するために使用していたのです。矮化剤は、殺虫剤よりも人体に悪影響を及ぼす可能性があるともいわれています。殺虫剤に加えて矮化剤までかけられたハーブを口に入れるなんて、想像するだけでホラー映画ではないでしょうか。

バラ園もそうです。農薬に弱い僕は、バラ園に行くと頭痛がしてきます。その日に農薬を撒《ま》いたかどうかもほぼわかるくらいです。

人に管理されているハーブやバラの悪口を書きたいのではありません。植物を愛しているからこそ、正しい付き合い方やリスクを知ってほしいのです。

虫喰いの形跡があるくらいの有機野菜のほうがよっぽど愛《いと》おしい。そんな、野菜の世界では当たり前の視点を、そろそろ花卉《かき》園芸業界にも向けてみたいものです。

オーガニック＝異なった要素が
集合しひとつのものを
形成していること

2012年から、東京都内最大規模の街作りに植栽計画担当として携わっています。もともと三井不動産グループが約20年間かけて進めてきたその再開発プロジェクトは、JR大崎駅周辺に約3ヘクタールのガーデンシティを作ろうというものです。緑化の魅力アップのために自分ができることは何か。考えた結果提案したのが、緑豊かな有機的な街、「オーガニックシティ」というコンセプトでした。

常日頃から、ハイテクノロジーや最先端技術ばかりが先行するこの時代に、逆にどれだけ有機的な思考を持てるかが大切だと思っている自分にとっては、この大都会にできる新しい街を、緑溢れる有機的な街にする、いい機会となりました。

「有機的」（つまりオーガニック organic）と聞くと、つい〝無農薬の〟という狭義な意味に捉《とら》えがちです。しかし、辞書を引いてみると、「さまざまな要素が集合し、それらがオーガナイズ（organize）されてひとつのものを形成していること」とあります。

街は、住む場所も働く場所も憩《いこ》う場所も、人の生活に関わるさまざまなものが交差するところ。そこで、そのプロジェクトでは、〝社会有機体説〟のように街がまるでひとつの生き物のようにあるという論理だけでなく、実際に、緑の多さやその見え方、植栽計画のコンセプトまで追求しました。

桜が見事に咲き誇る「チェリープロムナード」、四季折々に色彩を変える「カラフルガーデン」など、広大な敷地に個性の違う7つのコンセプトガーデンを配置しました。中でも面白いのが、「エディブルパーク」。食べられる実のなる木を20種類以上揃え、1年を通してさまざまな実に直接触ることができます。

また、街路樹には、道路脇を歩く人が〝街路〟ではなく、あくまで道路横のガーデンを歩く気分でいてほしいという願いから、わざと違う種類の木をいろいろ混ぜて配しました。日本特有の画一的な街路樹とは一風変わった風景が楽しめるはずです。結果的にそれは、街路樹が必ず同じ大きさで同じ種類でなくてはならないという偏見を覆《くつがえ》すものであり、「オーガニックシティ」という考え方の象徴となっています。

今、〝人と自然の共存〟という言葉がさかんにささやかれるようになりましたが、一方で、たとえば街に直線で線を引き、同じ木を同じ間隔で同じように切り揃えて植えている行為そのものが不自然だと思いませんか。

人は本来、自然の一部以外の何ものでもないのに、なぜわざわざ不自然なことを行ない、その次に〝人と自然の共存〟を口にするのか。人と動物と植物が互いに影響し合い、ひとつの地球上の生態系を形成しているのです。ますます有機的な思考が必要とされる時代に違いありません。

多種多様な植物で彩られた、
Park City Osaki
約3.6haの新しい街、パークシティ大崎

植物とロマンと、ときどきお金

自分の好きなものや好きなことの魅力を、他人にも伝えたいという欲求は誰にでもあると思います。

僕の場合だと、もちろん植物です。常日頃から、どうやったら人に植物の面白さを伝えられるかと、あらゆる方法を考えていますが、最近そのひとつとして、お金の話をするという手段が案外効果的だと発見しました。

子供たちに植物の魅力を伝えるために実際僕が試みた実験が、その手段の効果を実証してくれました。

みんなにとある種のサンスベリアを見せてみます。僕はまず、わざとありがちな説明で、

「この植物は、実はマイナスイオンを出す働きや、消臭効果があるんやで」

そういうと子供たちは、「へーえ」と少し興味を持ってくれます。つづけて僕は、

「実はこの種類は、アフリカの砂漠から来ました。だから、1カ月に1回でも水をあげれば生きていけるくらい強いねんで」

「へ〜すごい」

そして最後に僕はこういったのです。

「ちなみに、この植物は100万円くらいするよ」

「え〜！！！！！！」

子供たちの表情やリアクションは最初とは歴然の差でした。

この話からわかるのは、人は、子供であっても誰であっても心の奥底に常にお金という物差しがあるということです。どんなに格好をつけてもそれは誰にでもあります。僕はそれを逆手にとって、あえて生々しいお金の話をすることを、人の興味を引いたりする手段のひとつに使っているのです。

そこを隠してつまらない話をするくらいなら、目の前に１００万円の植物を持ってきて、「プラントハンターには一攫千金のロマンがあるんだぞ」ということとともに、「そこにはあなたの知らない世界があるんだぞ」ということにも気づいてもらうほうが、よっぽど学びになると思っているからです。

植物は、自分の周りにいるものを
いかにうまく利用するかを考えて
生きている

植物が、花に香りを持たせたり蜜《みつ》を出したりする理由は、虫などをおびき寄せれば受粉しやすいと知っているからです。

植物が果実を甘くする理由は、食べたらうまいと鳥に知ってもらえたら、食べてもらって糞《ふん》としてバラまいてもらい、自分の種（子孫）を、より遠くに運んでもらえるからです。

植物は自分の周りにいるものをいかにうまく利用するかを、考えて生きています。

でもここで大事なのは、植物は決して自分だけが得をしようとしているわけではなく、鳥や動物、虫たちに食料を提供したり、住処《すみか》を提供してあげたりして、持ちつ持たれつの関係を本能レベルで作り出しているということです。


人間や動物は、常に自分にとって得か損かを無意識に考えて行動しているものです。

しかし植物は、他者にメリットを与えることが自分のためにもなると知っています。

そうすることでお互いに良い関係を末永くつづけることができるのを、身をもって証明してくれているのです。

植物は地球上で、動物や人間より遥かに長い時間を生きながらえてきました。その実績から来る説得力に、勝るものはありません。

恋をして、ＳＥＸしているときが
いちばん輝いている。
植物も人も。

「あの女の子。なんだか最近、急にきれいになったなと思ったら、やっぱり思ったとおり。彼氏ができたんだって」

皆さんにも、こんな経験があると思います。人は恋をしていると、自然に輝いてくるのです。

たとえば、チランドシア・イオナンタも同じです。

ある日温室を歩いていると、全身を一生懸命に赤くさせているイオナンタがひとつ、目にとまりました。その株だけ、ひと際きれいだなと思っていたら、その後まもなく花を咲かせたのです。

植物にとって花は性器そのものであり、花が咲いているということは、その花が一生懸命、SEXをしているということです。

植物がもっとも輝くのは、まさにそのときです。だから、花を咲かせる前の段階、人間でいう恋をしているときの状態も、キラキラして見えるのです。

チランドシア・イオナンタは花を咲かせる前に、全身を赤らめるという体の変化が顕著に出る植物のひとつですが、このように全身を赤く染めなくても、花が咲く前に変態したり、それまでにないアクションを起こす植物は数多く見られます。

そして、植物であれ、人間であれ、機が熟すと本番をむかえます。

さらなる輝きのときをむかえるのです。

「僕の腕に包まれた彼女は、こんなにも愛《いと》おしく、世の中のすべてを忘れてもいいと思っているかのようだ」

尾崎豊ふうにいうと、そんな感じなのでしょう。ＳＥＸで高揚し、うす紅色に火照《ほて》った女性の体、恥じらいに染まった表情——。これほど男性にとって輝いて見えるものはこの世にありません。またその輝きが、男性をさらに刺激するのです。

花が美しい色をしていたり、甘い蜜を出したり、鳥や虫を引きよせる匂いを放つのも、虫や動物に生殖活動を手伝ってもらうためのおねだり行為です。それはさぞかし虫や動物にとって輝いて見えることでしょう。

生物が本能のままにもっとも素直に輝ける行為が、次世代につながる種になる。これほどロマンに満ちていて、理に適《かな》ったことはないのです。

土 の 章

おわりに

人生、植物ありき

僕がまだ20代前半だった頃、当時もっとも尊敬していた、ある植木屋さんを訪ねたときのことです。

「おはようございます！」

元気よく事務所をノックして中に入ります。いつもの植木屋さんがそこにいました。さっそく手土産を渡して「今日もよろしくお願いします」というと——

「清順君、あのね、手土産っていうのは玄関先ですぐ渡すものじゃない、中に通されて挨拶が済んで、ひと呼吸おいてから渡すものだよ」

そんな、何気なくてすげえこと、でもなかなか誰も教えてくれないようなことをふと気づかせてくれる先輩は、20代前半の僕にとって憧れの存在でした。

その日は、歴史の話で盛り上がったのですが、ひょんなことで僕が坂本龍馬のことが好きだというと、こんな質問が。

「清順君、きみは坂本龍馬のどういうところが好きなの？」

「いごっそうなところですかね。誰かと殴り合いの喧嘩をした後でも、何ごともなかったように〝さあ、とにかく一緒に酒を飲もう〟といったというエピソードも好きです。あと、実際に喧嘩が強いところも」

「清順君、君は坂本龍馬の何を知ってるの？　清順君が憧れているのは、『竜馬がゆく』

の中に出てくる坂本龍馬であって、本当の龍馬がそうかどうかは別の話なんだよ。勘違いしちゃダメだよ！」

僕は面くらいました。

たしかにそうだ。

僕が知っている龍馬像は、司馬遼太郎の小説に出てくる龍馬に他ならないのです。

僕は一瞬、何を信じていけばよいか、わからなくなりそうになりました。無理もありません。長年の自分の中のヒーロー像が、途端に崩れそうになったのですから。

あのときと同じです。

〝念ずれば花ひらく〟という自分の座右の銘の、本当の意味を知ったときと。

あのとき、僕は自分が信じていた前提が一瞬にしてひっくり返り、言いようのない感情、何かが自分の中で弾けて……そして何かにモノゴコロついたような気分になったのです。

人は、人生において何かにモノゴコロついたときに、また新しい世界に行けるものだと思います。

僕は21歳で植物にモノゴコロついてから、どっぷりと植物の世界に浸《つ》かり、日々植物を追いかけているうちに、たくさんのことを学びました。

この本は、机の上で、本や資料を読んで勉強したことを書いたわけではありません。でもここにあるのは、他でもない僕自身がリアルに経験し、学んだことなのです。いろんなことを教えてくれたあの植木屋さんも、『竜馬がゆく』の中の龍馬も、神様も、学校の先生も、テレビのコメンテーターも、保険屋さんも、自分もあなたも、みんないろんなことを教えてくれるし、気づかせてくれます。

ただひとつだけ言えることは、その誰もが、みんな植物があってこそ存在しているということ。もし、辛《つら》いことがあったり、何を信じていいかわからなくなったとしても、植物だけは信じていいのです。

そう思ったら、少しラクな気持ちになれると思いませんか。

植物がなかったら僕もあなたも出会うことはなく、ここにいないということ。私たちの髪の毛の先から先祖の足の爪の先にいたるまで、すべて植物によって成り立っているということ。そして、今日も星の数ほど地球上で起こっている、すべての喜怒哀楽やドラマや争いも、植物があって成り立っているということだけは間違いありません。

植物は文化のもとであり、
植物は宗教のもとであり、

植物は生命のもとである。

僕は植物を信じようと思いました。

僕は、植物が神様より偉いといいたいわけではありません。植物が芸術より奥深いともいいたいわけではないですし、植物が文化より尊《とうと》いといいたいわけではないのです。

ただ、それらのもとであるという事実をいいたいだけなのです。

〝念ずれば花ひらく〟の本当の意味を知ってから10年以上が過ぎ、僕の今の座右の銘はこうなりました。

〝人生、植物ありき。僕もあなたも〟

教えてくれたのは、植物でした。自分が毎日夢中で探し求めているものや伝えたかったことは、たぶん植物そのものだけでなく、その道中で気づく、大切な何かだということを。

西畠清順　拝

写真解説

12P　2012年3月22日未明。全国47都道府県から集めた桜の枝を都内で一斉に咲かせる、前代未聞のプロジェクトに成功し、見上げた桜。東日本大震災の復興祈願を桜に託したプロジェクトとして全国的なニュースとなった。後に〝日本桜〟と名付けられた。

17P　アルゼンチン、コリエンテス郊外の湿地にて。水面を埋め尽くすホテイアオイの群生。美しい紫の花を咲かせることから、さまざまな国で栽培された。しかし、繁殖力が強く大量に増え、川の流れを止めるなどの問題が起き、やがて世界中で〝雑草〟と呼ばれるようになった。

21P　花宇の植木畑にて。樹齢20年のイチジクの根回しをしているときの様子。太い根っこを切り麻布《あさぬの》で根鉢を巻く。このあと土に埋め戻して、いつ何どきあるかわからない出荷を待つ。

25P　世界中で庭木や観葉植物として親しまれているパラボラッチョ（和名：トックリキワタ）。花が咲いた後に採れる綿は、枕などのクッション材に利用されている。アルゼンチンにて。

29P　ボリビアとアルゼンチンの国境近くの森にて。道なき森を、植物を求めて3日間、マシェテ（中南米の山刀）を片手に草を掻き分け、歩きつづけた。

33P　バンコク郊外の、秘密の農場にて。パイナップル科は、2000種を超える大きな科であり、さまざまな色や形がある。これらの種類をひとつひとつ同定できる人は、この世にいない。

37P　スリランカ、ペラデニア植物園のベンジャミンの巨木。樹齢は150年以上だという。

41P　アルゼンチンの山奥から巨大なパラボラッチョを4本、トレーラーに乗せ、運び出す。

47P　花宇の「お化け鶏頭」畑にて。子供たちに正しい植物の〝手術〟の方法を教えている様子。土が根っこから崩れないように根鉢を作り、掘り取る。一度失敗した後の子供たちは、学びの場において、真剣さが増した。

51P　オーストラリアから日本

へ、重さ4トンの巨大なボトルツリーを輸送するために海上輸送コンテナに積み込む。ボトルツリーの移植成功が、僕の大きな転機となった。

55P　2014年、代々木ヴィレッジの夏祭りにて。“出会いの妙”というテーマのもと、各国から集まった植物たちが、互いに成長し、さらなる不思議な空間を作っている。

59P　伊勢・菅島《すがしま》の絶壁で見つけた黒松。樹齢は30年ほどだが、樹高はわずか約40センチ。厳しい環境で生きてきた証《あかし》が、姿形ににじみ出ている。

63P　生まれ変わった壺井栄さんの生誕地で開かれた、オープニングセレモニーの様子。町長をはじめ地元の方々や学生が集まり、自然と会話に花が咲き、コミュニケーションが生まれるいい機会となった。

69P　ユーフォルビア・ラクテア‘ホワイト・ゴースト’。ユーフォルビアは、アフリカなどに自生する保護対象植物で、ワシントン条約で持ち出しが規制されている。しかし一方で、世界中に愛好家や栽培家がいるため、さまざまな種類が大量に生産されている。

73P　歩けば、歩いた分だけ学ぶことがある。そしてそれを伝えたくなる。

77P　サボテン農場にて。サボテンたちは、隣の株に負けないよう、我れ先に真っすぐ天に向かって伸びている。

81P　長野県筑北村《ちくほくむら》で、地元の方々に委託生産していただいているヒガンザクラの枝を切る。太い枝を切っても、また4、5年で元どおりの大きさに再生するこの品種は、切り花用として重宝する。

86-87P　アメリカのオレゴン州ポートランドにて。様々な種類の街路樹が共存し、大きく広げた枝が気持ちよさそうにそよぐ姿は、この街が緑を大切にしているのを証明しているようだ。

95P　地中海沿岸。チャメロプスが自生する様子。この葉っぱは、ガウディの代表作のひとつ、グエル公園の門のデザインモチーフとなっている。

99P　モロッコ、マラケシュからアトラス山脈を越える峠にて。

のんびりしたラクダの動きを見ていると、普段忙しく走り回っている自分の日常を客観視できた。

103P　アデン湾に浮かぶ秘境・ソコトラ島にて。荒涼とした砂漠で見た砂漠のバラの花は、キラキラ輝いていた。

107P　沖縄の観葉植物農場にて。合鴨《あいがも》農法を実践しているのを見て、今の自分の仕事には取り入れていないが、いつか使えるかもしれない、とぼんやり思った。

111P　インドネシア、ボゴール植物園にて。ジャワオリーブと呼ばれるこの樹木の巨大な板根《ばんこん》は、見る人を必ず立ち止まらせる。その根元に立ち、向き合っているとやがて包みこまれるような感覚を覚えた。

119P　モロッコ南西部に広がるアルガンツリーの森。この興味深い景色に心躍ってからはや3年。日本で栽培しているアルガンツリーは、樹高2メートルほどの大きさに成長している。

123P　鶏頭は夏秋には欠かせない花なので、草丈が揃い頭が小さくなるように育てられたものが大量に市場に出回る。花宇の鶏頭畑では、ひとつひとつの花の個性を活かすために薬品をできるだけ用いない。大きさも形も不揃いで、虫喰いの葉もある。

127P　パークシティ大崎関連の資料は膨大な数になったが、たくさんの関係者と情報を共有し、イメージを分かち合うためのツールとして必要不可欠だった。

131P　今では手頃な価格で買えるようになったサンスベリア・リトルサムライ。ソマリアで発見され、東南アジアに輸出されたばかりの頃は、100万円近い値段がついたという。

134-135P　インドネシア、スマトラ島でラフレシアの開花を見たとき、あまりにも巨大だったこと、そしてその花が寄生植物だと知ってさらに驚いたことを覚えている。また、開花時に排せつ物のような強烈な悪臭を放つのは、送粉者であるハエをおびき寄せるためである。まさに、あの手この手で周りにあるものを利用して生きている植物である。

139P　チランドシア・イオナンタの群生。その中で、紅味《あかみ》を帯びている個体だけが花を咲かせている。

【P37】Jose Fuste Raga/アフロ
【P134-135】©imamori mitsuhiko/Nature Production/amana images

西畠清順 にしはた・せいじゅん

そら植物園株式会社代表取締役。21歳より日本各地・世界各国を旅して様々な植物を収集し、依頼に応じて植物を届けるプラントハンターとしての活動をスタート。日本はもとより海外の植物園、政府機関、企業、貴族や王族などに届けている。2012年、"ひとの心に植物を植える"活動・そら植物園を設立。植物に関するイベントや緑化事業など、国内外のプロジェクトを次々と成功させ、日本の植物界の革命児として反響を呼んでいる。著書に『そらみみ植物園』(東京書籍)、『プラントハンター 命を懸けて花を追う』(小社)、『「桜を見上げよう。」Sakura Project 2012 BOOK』(編著:MATOI PUBLISHING／日販アイ・ピー・エス)など多数。

教えてくれたのは、植物でした

人生を花やかにするヒント

第1刷　2015年4月30日
第3刷　2023年4月5日
著　者　　西畠清順
発行者　　小宮英行
発行所　　株式会社徳間書店
〒141-8202
東京都品川区上大崎3-1-1
目黒セントラルスクエア
電話　03-5403-4349(編集)
　　　049-293-5521(販売)
振替　00140-0-44392

印　刷　　㈱広済堂ネクスト
製　本　　大日本印刷㈱

ISBN 978-4-19-863909-9